科学育儿科普画册
——"新家庭计划"指南

上海市杨浦区人口和计划生育指导中心　　组　编
上海市人口和家庭计划指导服务中心

主　编　沃乐柳
副主编　巫　茜　朱虔兮
编委会成员 (按姓氏笔画排序)

王绍平　王昱葭　王海蕾　吕　智　朱虔兮
许芸冰　孙　云　李元之　巫　茜　张　芳
张劲松　陈安娜　沃乐柳　秦　艳　曹　娟
裴奕钦　潘曙勤

画　师　马帅政

复旦大学出版社

前言

随着生活水平的不断提高,年轻父母越来越重视科学育儿。但是,很多父母缺乏经验和专业的知识,在养育宝宝的过程中总是会被很多现实问题所困扰,对养育宝宝过程中的一些细节与重点也一知半解,经常会出现面对各种问题束手无策、手忙脚乱的情况。因此,对婴幼儿家庭开展科学育儿指导有助于家长解决育儿过程中遇到的困惑和问题。

杨浦区人口计生指导中心为了提高婴幼儿家庭的科学育儿知识普及率,促进婴幼儿家庭健康,按照国家"新家庭计划——家庭发展能力建设"要求,与上海市人口和家庭计划指导服务中心共同组编了这本《科学育儿科普画册——"新家庭计划"指南》。该指南从实用的角度,以四口之家的日常生活为背景,将每个科学育儿的方法和技能的要点、原则、细节、步骤、过程等,通过动画图片操作示范,结合文字表述的方式,直观地呈现出来。避免单纯语言描述的抽象性,符合都市育龄家庭快节奏的生活和阅读习惯,容易被育儿家长理解和掌握。全书共分6个部分,主要包括营养与喂养、宝宝发育、日常护理、常见疾病与护理、安全照护和处理,以及宝宝发展的内容,对科学育儿进行了具体的指导。

本书的编撰还得到了上海交通大学附属儿童医院、上海交通大学医学院附属新华医院、上海市第一妇婴保健院和杨浦区教育局等专家团队的鼎力帮助，在此致以衷心的感谢！

　　相信本画册必能成为新手爸妈的好帮手和家庭的金钥匙，为营造宝宝安全、舒适的生活环境加油助力！

杨浦区人口和计划生育指导中心
上海市人口和家庭计划指导中心
2017年5月

目录

1 营养与喂养

新晋妈妈如何进行母乳喂养？多余的母乳如何妥善保存？宝宝在几个月大应当添加辅食？如何添加辅食？如何正确冲调奶粉？本章为准爸爸妈妈和宝宝刚出生的家庭而准备，轻松度过喂养宝宝第一关。

15 宝宝发育

出生后，宝宝对外界感知的能力不断加强，新爸爸妈妈应时刻关注宝宝的各种发育现象，及早发现问题，积极引导未来的成长。

25 日常护理

宝宝和成人一样，需要保持个人卫生和整洁，定时给宝宝洗头、洗屁股，让他们适应最好的睡姿，适当给宝宝做抚触，有利于他们干净整洁，睡眠安稳，健康成长。

35 常见疾病与护理

宝宝出生后难免会生病，很多新手爸妈缺乏基本的疾病护理常识，导致小毛病变大毛病，耽误了治疗的最佳时间。尿布疹、发热、腹泻等都是婴儿常见疾病，学会基本的应对措施，使宝宝尽快恢复健康。

47 安全照护和处理

宝宝生活的环境中隐藏着大大小小的安全隐患，容易导致擦伤、扎伤、烧烫伤、吸入异物的意外状况发生，门窗、地板和楼梯也可能是导致意外的场所。本章教会爸爸妈妈基本急救护理常识，做好预防措施。

63 宝宝发展

新手爸妈在关注宝宝身体发育的同时，也要关注他们的智力成长。宝宝是否在循序渐进地学会走路、吃饭、穿衣、脱衣，是否慢慢学会聊天和阅读，能否辨别颜色和方向。好的起点是新的开始，为今后成长奠定基础。

营养与喂养

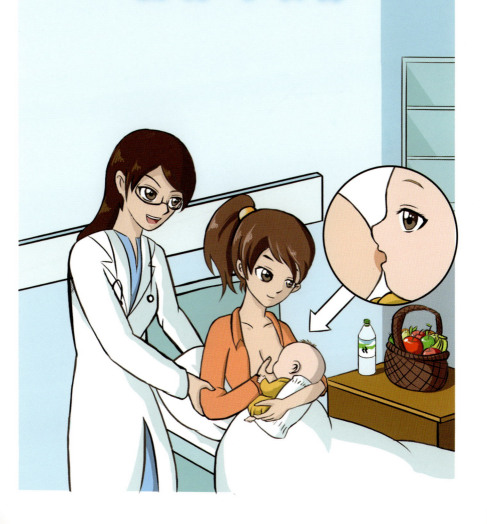

母乳喂养技巧：宝宝的嘴和乳房含接

1. 宝宝的嘴上方露出的乳晕比下方多。

2. 宝宝的嘴张大。

3. 宝宝下唇外翻。

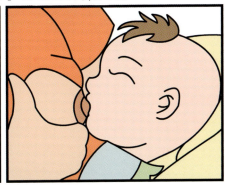

4. 宝宝下腭接触乳房。

特别提醒：为保证6个月内的宝宝吃到足够的母乳，每天至少喂母乳6~7次。

母乳喂养的技巧：哺乳时抱宝宝

宝宝的头和身体呈一条直线，宝宝的身体贴近妈妈。

宝宝头、颈和躯干均得到支持，宝宝面向乳房，鼻子对着妈妈乳头。

特别提醒：如果妈妈哺乳前奶胀，要先挤出少量乳汁，使乳头区域柔软，便于宝宝含接，然后再喂奶。

母乳的保存

室温25~35℃可放4小时。

室温15~25℃可放8小时。

室温15℃以下可放12小时。

冷藏4~5℃可放48小时。

冷冻-18℃以下可保存3~6个月。

母乳的加热

在温水中加热母乳时,把奶瓶晃一晃,使温度分布均匀。

微波炉等不可用于母乳加热。

已经解冻的母乳不可重新冰冻,因为容易滋生细菌。

第一章 营养与喂养

拍嗝的方法

← 毛巾

一只手托住宝宝的屁股,另一只手支撑宝宝的头部和颈部。

一只手放在宝宝肚脐部对应的后背,自下而上轻拍,将宝宝体内的空气排出。

特别提醒:新生宝宝的头部尚不能抬起,拍嗝时应让宝宝趴在拍嗝者的肩头。

辅食的添加方法

辅食添加应遵循由少到多、由稀到稠、由细到粗、由1种到多种的原则，每新加1种食物需3~5天的适应期。

辅食要无糖、无盐，不加调味品。

辅食的添加方法

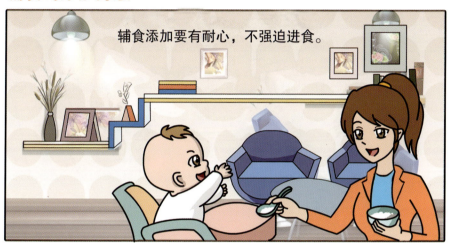

辅食添加要有耐心,不强迫进食。

宝宝会抓食物后,可以给宝宝用手抓着吃的食物让他自己吃,提高宝宝吃饭的兴趣。1岁以后,让宝宝练习自己用小勺子吃饭。

冲调奶粉的水

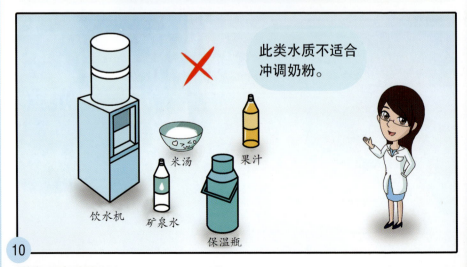

冲调奶粉的步骤

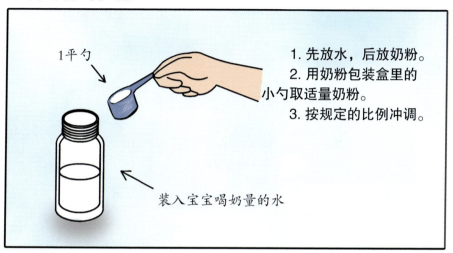

1平勺

1. 先放水，后放奶粉。
2. 用奶粉包装盒里的小勺取适量奶粉。
3. 按规定的比例冲调。

装入宝宝喝奶量的水

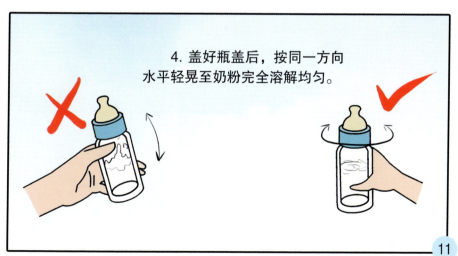

4. 盖好瓶盖后，按同一方向水平轻晃至奶粉完全溶解均匀。

宝宝用带吸管双耳水杯喝水的方法

半岁以内用纯母乳喂养的宝宝,没有必要另外喂水;6个月后,适当增加水分的摄入。

宝宝1岁左右,可开始教他用杯子喝水。可以在学饮杯上贴上宝宝喜欢的图案。

宝宝用杯子喝水的方法

帮宝宝戴好防水围嘴。

妈妈的手扶住宝宝的手,教宝宝如何拿杯子。

宝宝的手握紧杯子;妈妈的一只手包住宝宝拿杯子的手,另一只手拿住杯子的另一边。让宝宝慢慢将水喝到嘴里。

宝宝发育

乳牙萌出的时间和顺序

> 摸摸看现在自己有多少颗牙齿。

乳牙萌出个数区间=月龄–4或6。
举例说明：12个月月龄的宝宝乳牙个数为6~8个。
12–（4或6）=6~8个。
特别提醒：
如果超过1岁还不见牙齿萌出，就应当请医生检查。

出牙顺序

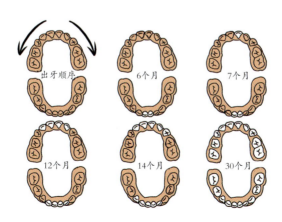

口腔清洁护理

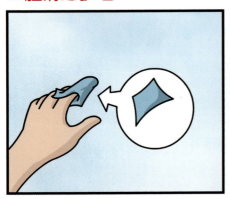 

宝宝长出乳牙后，吃奶或吃饭后让宝宝喝一点温开水，把小纱布或小毛巾缠在食指上，伸入宝宝嘴里清洁口腔。

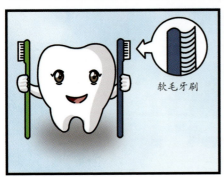 

3岁开始，儿童学会自己刷牙，会把水吐出来了，不容易把牙膏吞下去，这时可以尝试给宝宝使用儿童牙膏。

缓解长牙不适

长牙不适感

缓解长牙不适的方法

咬牙胶

宝宝磨牙棒

特别提醒：用指套牙刷或纱布蘸凉开水轻轻给宝宝摩擦牙龈，会让他感觉舒服些。

视力发育

视力发育进程图

时间	视力发育情况
1~2周	能注视眼前移动的灯光或较大物体,但双眼运动不协调
1~2个月	可追随90°范围内移动的物体,视力约为0.01
3个月	开始有意识地看东西,感受色彩,视力约为0.02,两眼可追随180°范围内移动的物体,有一定的立体视觉
4~5个月	视力为0.02~0.04,能由远看近。能分辨深浅不同的色彩,深度视觉开始发展
5~6个月	视力为0.04~0.08,两眼可稳定注视移动的物体,双眼运动协调,不应再出现斜视
6~8个月	视力约达0.1,可以判断出哪些玩具够得着,哪些够不着。会调整姿势,以便能够看清楚东西
8~12个月	视力达到0.15左右,两眼能环视,手、眼较为协调
1岁	有0.2~0.25的视力,立体视觉较好,可以分辨远近,有深浅感
1~2岁	有0.5~0.6的视力
2~3岁	有0.6~0.7的视力,60%的宝宝可达到1.0

眼睛保健

尽量不要把玩具悬挂在床周围,以免影响宝宝眼睛的发育。

注意宝宝眼睛的清洁卫生,教宝宝不要用手揉眼睛。如果有异物进入眼睛要及时请大人帮忙处理。发现宝宝眼睛发炎,要及时就医。

多带宝宝进行户外活动。

视力异常

宝宝视力过程图

出生后4周

出生后3个月

正常视力

视力异常症状

小对眼

轻微斜视

> 日常生活中,宝宝如果出现动作比较笨拙,走路经常跌跌撞撞,躲不开眼前的障碍物;看东西时,经常眯眼、歪头、往前凑,看书、看电视时,总是离得很近;对色彩鲜艳、变化多端的电视都不感兴趣的现象,应及早就医,排除相关疾病。

听力保健

平时照顾宝宝时,要注意观察他对声音的反应。如果发现他对一些大的声响,比如突然的巨大响动也没有反应,需要带宝宝去检查听力。

听力检测

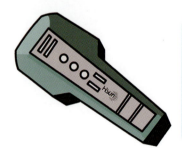

当测听仪离婴幼儿一定距离时,由医生观察婴幼儿的举止反应,判断是否有弱听的可能。

特别提醒:该检测方式适用于6个月以上的婴幼儿。

日常护理

脐带护理

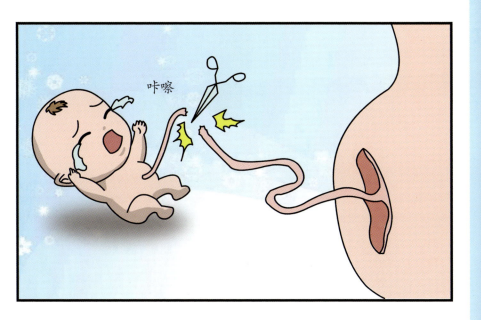

脐带是连接母亲和胎儿的桥梁,也是为胎儿输送营养的管道。宝宝出生后需要断开脐带,脐带残端作为宝宝的第1个伤口,护理不当极容易发生感染。很多妈妈都犯了难:该如何护理好这个伤口呢?

新生儿的脐带通常在出生后3~7天脱落。

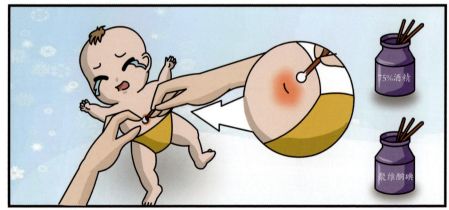

　　脐带护理的注意事项：每天用消毒棉签蘸75%的酒精或聚维酮碘（碘伏）彻底清洁1次脐窝，保持干燥；一定要从脐窝内开始擦拭，而不只擦拭脐轮外周。观察脐部是否有红肿和渗出液。

宝宝洗头的方法

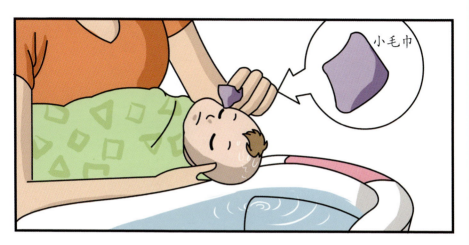

用手指将宝宝的耳郭压住耳孔,以免水流进去。洗完后,用专用毛巾轻轻擦干。

注意不要让毛巾蒙住宝宝的脸,以免他受惊吓而哭闹。

如果不慎有水进入宝宝耳朵,可用干净的棉签吸出来。

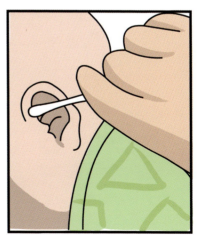

清洗宝宝的头皮垢

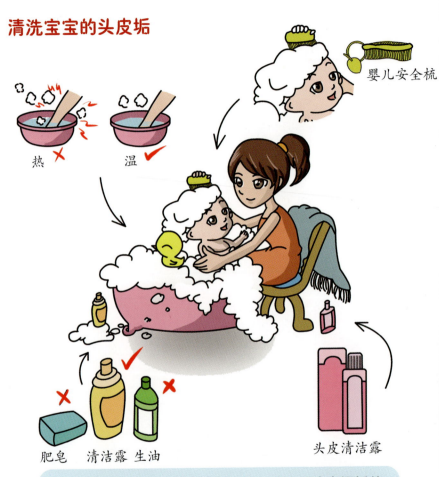

可以将植物油或者清洁露加热,放凉后涂在污垢处。待头皮垢软化后,用宝宝安全梳轻梳头皮,污垢就会掉下来,最后再用温水洗净。过厚的头皮垢要多除几次。

清洗宝宝的屁股

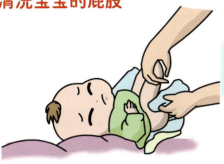

打开尿布,将尿布撤去。抓住宝宝的脚腕,抬起他的屁股,先用干净、柔软的纸巾把大便擦掉。

用流动的清水洗掉粘在屁股上的大便污迹,要从腹部往屁股方向清洗。

将毛巾在温水中浸湿后拧干,擦拭宝宝的腹股沟和大腿根的所有褶皱处,从里往外擦,注意不要碰到宝宝的生殖器。洗完后,把宝宝放在铺展开的毛巾上,等皮肤彻底干爽后,穿上干净的尿布。

宝宝的睡姿

健康的婴儿应尽量选择仰卧位的睡姿。这种睡姿对婴幼儿最为安全,适用于1岁以内的婴儿,对6个月内婴儿更为重要。

宝宝刚吃完奶不适合仰睡,而适合侧睡。以免宝宝吐奶后,奶汁误吸入肺内造成吸入性肺炎。

建立排便规律

特别提醒：当宝宝有情况时，及时带他去坐便盆。要养成固定的排便时间和位置。

宝宝可以训练排便的迹象：
- 可遵从简单的指示。
- 可自己走到卫生间，并在大人的帮助下脱裤子。
- 对污染的尿布感到不舒服。

多口水的护理方法

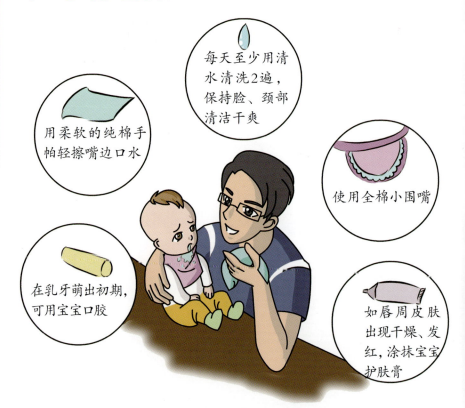

- 每天至少用清水清洗2遍，保持脸、颈部清洁干爽
- 用柔软的纯棉手帕轻擦嘴边口水
- 使用全棉小围嘴
- 在乳牙萌出初期，可用宝宝口胶
- 如唇周皮肤出现干燥、发红，涂抹宝宝护肤膏

特别提醒：如皮肤已经出疹子或糜烂，要及时去医院就诊。涂抹软膏尽量在睡前或者睡着后，以免不慎吃入口中。

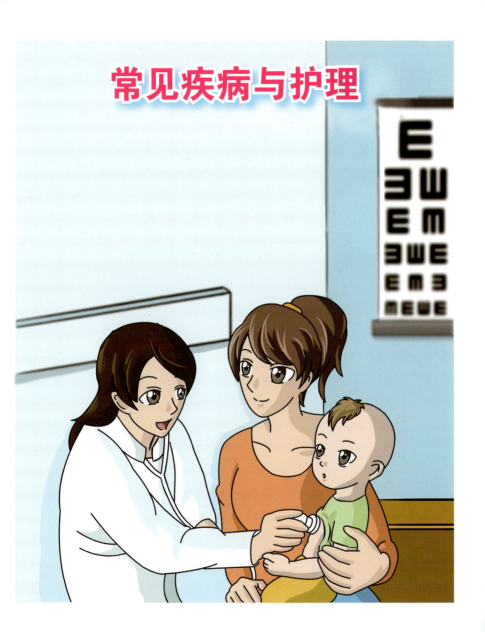

皮肤水疱

不同程度的尿布疹症状表现

轻微　　　轻度　　　中度　　　中度至重度　　　重度

症状：红疹、皮肤发红、溃破

病因：尿布封闭环境、尿液和粪便的刺激、细菌或真菌感染

> 特别提醒：以下情况需带宝宝去医院，出现皮肤溃破或水疱、脓疹、大面积皮疹，并伴有发热。

第四章　常见疾病与护理

尿布疹护理的要点

特别提醒：给宝宝洗屁股或洗澡后，可以让他光着屁股待一会儿，有利于皮疹消退。另外，要把尿布裹得宽松些，减少对宝宝皮肤的摩擦。

发热

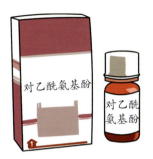

或

> 特别提醒：如果宝宝体温超过37.5℃，就应该认为他发热了；如果超过38.5℃，可以给宝宝吃安全的儿童退热药。服用一种药物时如果出现呕吐，应该选择另外一种药物。如果宝宝不能耐受口服药物，可选择直肠内使用的栓剂。

宝宝发热时需要就医的情形

发热超过72小时

拒绝喝水

头痛、耳朵痛或脖子痛

持续腹泻

呕吐、排尿减少，哭时眼泪也很少

> 特别提醒：除以上所述，出现下列情况也应当立即就诊。①出现皮疹，或皮肤出血点，或瘀斑；②惊厥；③颈部发硬；④剧烈头痛；⑤咳嗽不止；⑥明显呼吸困难；⑦嘴唇或面色发紫等。

给宝宝准确测量体温

新生儿用电子体温计测量腋窝下体温。

1个月~5岁的儿童可采取腋窝下使用电子体温计或红外线耳膜温计。

腹泻脱水

无论因为什么腹泻，宝宝的身体都会丢失大量的水分，导致脱水。

腹泻时，脱水的一些体征。
- 尿量减少（每天湿尿片少于6片）。
- 哭时无泪。
- 口唇干燥。
- 拒绝喝水。
- 精神不好。
- 眼窝凹陷。

若腹泻严重合并脱水现象时，应及时到医院进行治疗。

特别提醒：预防脱水的方法就是给宝宝补水。纯母乳喂养的宝宝，只要增加喂奶的次数、延长喂奶的总时间就可以，不需要另外补液。其他2岁以下的宝宝需要补水。

第四章 常见疾病与护理

特别提醒：宝宝腹泻后，继续母乳喂养或给宝宝吃腹泻奶粉。

特别提醒：腹泻时，要避免添加新的辅助食品（包括更换奶粉）。注意烹调方式，选择清蒸、水煮的烹调方式。

新生儿黄疸

什么是新生儿黄疸

医学上把未满月宝宝出现的黄疸，称之为新生儿黄疸，主要症状为皮肤、黏膜、巩膜发黄。

新生儿黄疸指数的标准

生理性黄疸

新生儿出生1~2天后，肉眼可见皮肤有点黄，在3~5天到达高峰，7~10天多半就会消失。新生儿黄疸指数（即血清胆红素值）不超过85.5微摩尔/升（15毫克/分升）就属正常范围。

病理性黄疸

新生儿在出生24小时之内就发现黄疸程度重、持续时间长，需去医院。

黄疸测试

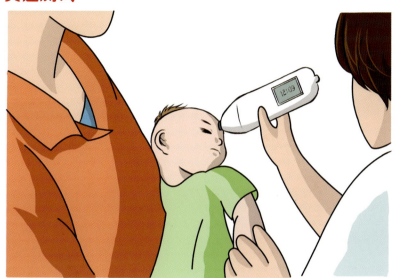

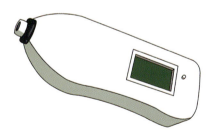

医生用经皮胆红素测定仪来初步测定婴儿黄疸指数,具有方便、无损伤的优点。

擦伤

小伤口用聚维酮碘（碘伏）消毒伤口，再涂上抗菌软膏，可用消毒纱布包好。

伤口面积较大时，应先用生理盐水或清水进行冲洗，然后重复上图的步骤。

特别提醒：如果伤口肿胀明显、渗血较多，应及早到医院外科门诊治疗。

刺伤

刺伤后的伤口处理：轻轻挤压伤口旁端，挤出损伤处的血液，然后在流动水下用皂液清洗，边挤压边冲洗5~10分钟，再用0.5%的聚维酮碘（碘伏）消毒伤口；伤口大时，及时就医。

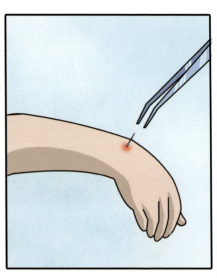

特别提醒：如果伤口小且深，有感染破伤风的风险，应及时就医。

气道吸入异物

3岁以下宝宝不宜食用果冻、坚果、汤圆等易堵塞气道的食物。

 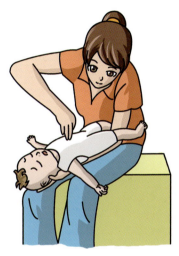

如上图所示,先将宝宝俯伏在妈妈的腿上,头部和胸部低悬,妈妈右手托住宝宝的身体,左手手掌有节律地拍击他两肩胛的背部5次。然后妈妈左手托住宝宝,右手指按压胸部5次。

特别提醒:如宝宝开始咳嗽,则停止拍打和按压;咳嗽缓和后,重复上述动作直到异物吐出。如无效,则需送医院救治。

烧烫伤

烫伤的处理:烫伤后,立刻用冷水冲洗、浸泡至少20分钟。若皮肤表面无破损,涂专用烫伤膏后,用无菌纱布包扎;若皮肤表面有破损,应及时就医,以免感染。

特别提醒:如宝宝烫伤部位被衣物包裹,需将烫伤部位的衣裤剪开。

动物咬伤

特别提醒：被家中的猫、狗等宠物咬伤的伤口需用肥皂水反复冲洗，再用大量清水冲洗。擦干后，用医用碘酊或酒精稀释擦拭。尽快去医院注射疫苗。

被毒蛇咬伤，要将伤口附近的血和体液挤压出来。

客厅安全

插座：固定好，电源插座不要暴露在外面。

钮扣电池：放在宝宝触及不到的地方。宝宝吞咽后会卡在食管里。

小玩具：直径小于3.8厘米容易卡在宝宝的喉咙而引发窒息，不要让孩子任意取得。

玻璃茶几：加装防护设施，家具角边等突出尖锐处会把孩子前额和眼睛划伤。

卧室安全

儿童玩具：气球不能近在咫尺；蜡笔盒不要敞开；存钱罐要放置在高处，以免宝宝误吞硬币。

百叶窗：应为无绳百叶窗。

婴儿床：不能使用下降式围栏婴儿床（两侧可分离式的床），婴儿的头部会被卡在围栏与床垫间的"V"字形空隙中，造成窒息或夹伤。

第五章　安全照护和处理

厨房安全

煤气炉开关：用保护罩保护。

电器插头：不用的时候拔掉。确保电器按钮指向关闭。

锅、烧水壶：长锅炳朝内放置，避免宝宝伸手拿到。

打火机、火柴、塑料袋：放置在抽屉中，并锁好抽屉。

刀具：用完放回原处，远离灶台外缘。

垃圾桶：及时处理。

卫生间安全

浴缸、水桶、水盆：不要存水，以防宝宝溺水。

马桶：盖上顶盖，再用马桶锁锁好。

剃须刀、剪刀、吹风机：用完后，放进柜子锁好。

浴霸：宝宝洗澡时，需关掉浴霸，避免光线直射。

卫生用品、洗涤用品、化妆品：放在宝宝拿不到的地方，以免误服。

洗衣机：不要存水，以免溺水。

门窗和地板安全

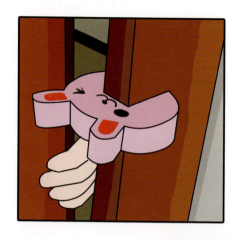

门把手处请安装安全门夹。

特别提醒：及时擦干地上的水。如使用地毯，应避免轻薄、短小的地毯，小地毯容易移动使婴幼儿滑倒。

阳台安全

阳台上要装有防护网和宝宝专用防护栏。

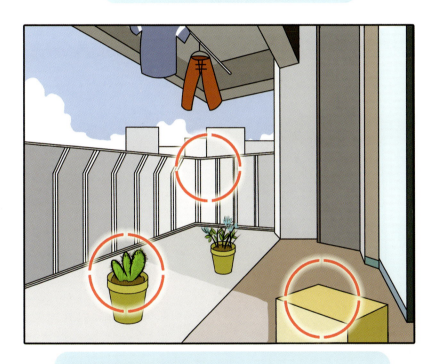

阳台上应避免放置以下物品。
- 有毒植物：如常春藤、夹竹桃、心叶姜、马蹄莲。
- 有刺的植物：如月季、仙人掌、仙人球。
- 能让孩子垫脚爬高的物品：如凳子、椅子、箱子。

婴幼儿出行安全

实验证明,如果汽车在以40千米/小时的速度行驶时发生撞击,一个9千克的婴儿将产生270千克的冲击力,成人无法抱住孩子。

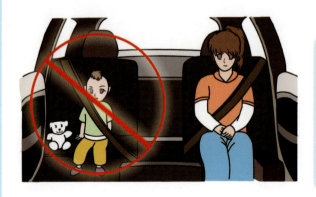

车载安全带在车辆发生事故时,会导致婴幼儿腰部挤伤和脖子脸颊的压伤,也会经常发生孩子被安全带勒住脖子等致命危险。

第五章　安全照护和处理

儿童安全座椅使用五点式安全带，在座椅侧面设计了深厚的侧翼，加强侧面防撞保护，抵消来自侧面的冲撞力，全方位保护孩子的乘车安全。

特别提醒：《上海市未成年保护法》规定，自2014年3月1日起，未满4周岁的孩子乘坐私家车必须配备并正确使用儿童安全座椅。

宝宝发展

学爬行

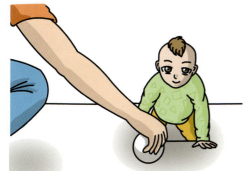

除了用宝宝喜欢的玩具或食物来逗引,还要多多表扬他的进步。

如果宝宝爬的时候总往后退,可以用手抵住他的脚掌,帮他向前移动身体。

可用一条毛巾兜住他的小肚皮,将他轻轻提起,让他的肚皮离开地面,练习手膝并用向前爬行,感受手脚动作如何互相协调。

学走路

妈妈用学步带绑着宝宝，让他学会向前走路。

从侧面示意学步带的使用，妈妈用力拉着学步带以防宝宝摔倒。

特别提醒：教宝宝学走路时，最重要的还是敢于放手。宝宝一般10~12个月能扶走，15~18个月会独走。

爸爸站在宝宝的身后以防他向后仰倒，妈妈站在宝宝的前面鼓励他向前走动。

学吃饭

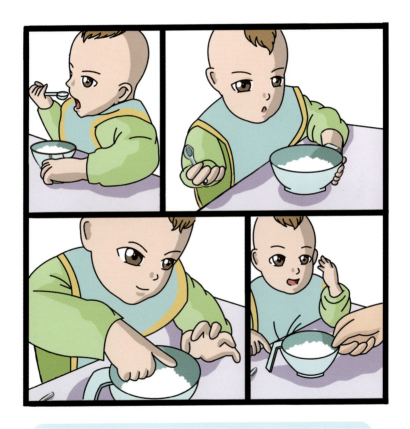

特别提醒：等宝宝把自己碗里的饭吃完时，父母夸奖他，再给他一点饭，鼓励宝宝多尝试自己吃饭。父母也可以和宝宝玩假装吃饭、喝水的游戏。

学穿衣服

1. 你猜你猜,是谁躲在衣服里?伸出来伸出来,小手伸出来了。

2. 钻出来,钻出来,脑袋钻出来了。

3. 藏起来,藏起来,小脚藏起来了。

4. 小脚在哪里?小脚在这里。

5. 快,快把小肚脐藏起来。

6. 穿好衣服和裤子,照照镜子真美丽

学脱衣服

脱开衫：教宝宝先解开衣扣或拉链，再向身体两侧打开衣服滑至下肩，最后脱下2个衣袖。

脱裤子：教宝宝先将裤子脱至膝盖下，再分别抓住裤腿，将小腿从裤腿中退出来。

脱套头衫：教宝宝两手抓住衣领的后部，用力向身前拉，将衣服脱出，再抓住袖口，拉下衣袖。

学聊天

特别提醒：父母除了自己说话，要给宝宝留时间。宝宝嘴里发出"咕咕"的声音时，父母可以微笑地面对宝宝，等他停下来，再对着他说话，也可以学着宝宝发出的声音和他"聊天"。

学看书

6~9个月,选择防水和不易撕破、比较牢固的图书,培养宝宝探索书的兴趣。

9~12个月,宝宝对父母朗读的声音会表现出极大的兴趣。

1~2岁,可以选有字和数字、能发出声音、色彩丰富的书籍。

特别提醒:2~3岁是词汇量剧增的时期,父母可以让宝宝自己讲故事,做一个倾听者,并通过提问、提示图书中的有趣内容,引导宝宝展开故事,提升阅读兴趣。

第六章　宝宝发展

学洗手

什么时候需要给孩子洗手？
- 进食及处理食物前
- 当手被呼吸道分泌物污染时，如打喷嚏及咳嗽
- 触摸过公共物品，如电梯扶手、升降机按钮及门柄后
- 大、小便后
- 探访医院及饲养场前后
- 宝贝外出回家后，以及接触动物或家禽后

洗手六步歌

1. 双手十指交叉，掌心相对，反复搓洗。

2. 双手十指并拢，交叉搓洗。

3. 双手十指交叉，掌心对手背反复搓洗。

4. 单手合拢，向另一只手掌反复搓洗，换手反复若干次。

5. 单手握住拇指，交叉换手反复搓洗。

6. 双手十指向内反复勾搓若干次。

认识颜色

手指点画：让宝宝用手指蘸调好的颜色在纸上点画。

蔬菜印章：把萝卜根、芹菜根、土豆片当作印画工具，用它们蘸颜料，在纸上印满不同的"印章"。

认颜色：准备各种颜色的积木、玩具，父母说颜色，让宝宝从里面找出来。

印画：把纸撕成小条，拧成麻花，蘸上颜料，让宝宝在大纸上印画。

认方向

特别提醒：宝宝对空间方位的掌握应遵循一定的难易顺序，即，先区别上下，然后前后，最后是左右。

涂鸦

> 特别提醒：宝宝语言能力有限，可以通过涂鸦表达内心世界。父母应当为宝宝涂鸦创造条件，鼓励他们无目的涂画，还可以通过宝宝涂鸦的笔画和状态判断宝宝的性格。

图书在版编目(CIP)数据

科学育儿科普画册:"新家庭计划"指南/上海市杨浦区人口和计划生育指导中心,上海市人口和家庭计划指导服务中心组编. —上海:复旦大学出版社,2017.5(2018.4 重印)
ISBN 978-7-309-12934-2

Ⅰ. 科… Ⅱ. ①上…②上… Ⅲ. 婴幼儿-哺育-普及读物 Ⅳ. TS976.31-49

中国版本图书馆 CIP 数据核字(2017)第 080472 号

科学育儿科普画册:"新家庭计划"指南
上海市杨浦区人口和计划生育指导中心　　组 编
上海市人口和家庭计划指导服务中心
责任编辑/王 瀛

复旦大学出版社有限公司出版发行
上海市国权路 579 号　邮编:200433
网址:fupnet@fudanpress.com　http://www.fudanpress.com
门市零售:86-21-65642857　团体订购:86-21-65118853
外埠邮购:86-21-65109143　出版部电话:86-21-65642845
上海丽佳制版印刷有限公司

开本 889×1194　1/32　印张 2.625　字数 57 千
2018 年 4 月第 1 版第 6 次印刷

ISBN 978-7-309-12934-2/T·599
定价:28.00 元

如有印装质量问题,请向复旦大学出版社有限公司出版部调换。
版权所有　　侵权必究